高等院校水土保持与荒漠化防治专业"十三五"规划教材

水土保持实验实训教程

李 强 主编

中国林业出版社

图书在版编目（CIP）数据

水土保持实验实训教程/李强主编. —北京：中国林业出版社，2017.7（2024.1 重印）
高等院校水土保持与荒漠化防治专业"十三五"规划教材
ISBN 978－7－5038－9097－0

Ⅰ.①水… Ⅱ.①李… Ⅲ.①水土保持—实验—高等学校—教材 Ⅳ.①S157－33
中国版本图书馆 CIP 数据核字（2017）第 151685 号

本教材由榆林学院教材出版基金、国家自然科学基金（41661101）、黄土高原土壤侵蚀与旱地农业国家重点实验室开放基金（A314021402－1604）资助出版

中国林业出版社·教育出版分社

策划编辑：肖基浒　　　　　　　　　　责任编辑：丰　帆　肖基浒
电　　话：（010）83143555　　　　　传　　真：（010）83143561
E-mail：jiaocaipublic@163.com

出版发行	中国林业出版社(100009　北京市西城区德内大街刘海胡同7号) E-mail：jiaocaipublic@163.com　电话：(010)83143500 http://www.forestry.gov.cn/lycb.html
经　销	新华书店
印　刷	北京中科印刷有限公司
版　次	2017年7月第1版
印　次	2024年1月第2次印刷
开　本	850mm×1168mm　1/16
印　张	6
字　数	142千字
定　价	25.00元

未经许可，不得以任何方式复制或抄袭本书之部分或全部内容。

版权所有　侵权必究

《水土保持实验实训教程》
编写人员

主　编 李　强

编写人员 (按姓氏笔画排序)

　　　　　　马春艳(榆林学院)

　　　　　　白　芸(榆林学院)

　　　　　　刘　泉(绵阳师范学院)

　　　　　　李　强(榆林学院)

　　　　　　李桂芳(广西大学)

　　　　　　张　正(西北农林科技大学)

　　　　　　南维鸽(陕西师范大学)

　　　　　　喻恺阳(黄河水利委员会晋陕蒙接壤地区水土保持监督局)

前　言

水土保持与荒漠化防治专业学生的实训锻炼和实践应用能力是培养应用型人才的关键环节。本教材秉承模块化知识体系的构建理念，将能力要素进行二次分解，采取案例嵌入式教学方式，形成指标—知识点—课程关系结构图。

本教材内容包括水力侵蚀区的室内侵蚀指标的测定、室内模拟侵蚀试验情景分析、野外模拟侵蚀试验情景分析、野外侵蚀定位观测试验4部分内容。教材主要特点：一是面向应用，构建了模块化知识体系；二是基于"双基双技"理念，形成了土壤水力侵蚀指标—知识点—课程关系结构图；三是按实验性质分类，紧密结合教学科研实际，内容具体、要求明确、利于操作、应用性强。

本教材由李强担任主编，负责全书编写和统稿；白芸、马春艳、喻恺阳、刘泉、张正、李桂芳、南维鸽参编，分别参与了第二篇和第三篇内容的整理和撰写。

《水土保持实验实训教程》教材适用于应用型本科院校水土保持与荒漠化防治专业、水文与水资源工程等专业的学生进行课程实践教学、教学实习、生产实习和毕业实习等，也可供相关专业学生和一线从业人员参考学习。教材涉及的图片仅为增强学生理解，相互之间不存在逻辑关系。在此，特别感谢图片提供者，最后限于我们的学识水平，书中疏漏之处在所难免，恳请各位同仁和读者批评指正。

编　者
2017年5月

目 录

前 言

第一篇 室内侵蚀指标的测定 ……………………………………………… (1)
 实验一 地表粗糙度 ………………………………………………… (2)
 实验二 土壤机械组成 ……………………………………………… (6)
 实验三 土壤水稳性团聚体 ………………………………………… (10)
 实验四 土壤渗透性 ………………………………………………… (15)
 实验五 土壤崩解速率 ……………………………………………… (19)
 实验六 土壤黏结力 ………………………………………………… (25)
 实验七 土壤可蚀性 ………………………………………………… (29)

第二篇 室内模拟侵蚀试验情景分析 …………………………………… (33)
 实验一 雨滴中数直径观测 ………………………………………… (34)
 实验二 雨滴击溅侵蚀试验 ………………………………………… (38)
 实验三 模拟降雨试验 ……………………………………………… (43)
 实验四 模拟冲刷试验 ……………………………………………… (47)

第三篇 野外模拟侵蚀试验情景分析 …………………………………… (53)
 实验一 野外模拟降雨 ……………………………………………… (54)
 实验二 野外模拟冲刷试验 ………………………………………… (59)

第四篇 野外侵蚀定位观测试验 ………………………………………… (65)
 实验一 径流小区观测试验 ………………………………………… (66)
 实验二 小流域观测试验 …………………………………………… (71)
 实验三 水文站观测试验 …………………………………………… (75)
 实验四 无人机遥感与水土保持 …………………………………… (78)

参考文献 …………………………………………………………………… (86)

第一篇

室内侵蚀指标的测定

实验一 地表粗糙度

【能力目标】

1. 通用技能

(1) 生态学模块

利用生态学时空互代方法，掌握地表粗糙度典型样地和典型监测点的选择。

(2) 土壤学模块

深入理解土壤是由不同粒级颗粒组成，不规则的特征。

2. 专业技能

学会使用地表糙度仪测定地表土壤粗糙度。

【能力要素】

(1) 野外典型地表粗糙度监测点的选择。

(2) 地表糙度仪的使用及注意事项。

(3) Profile meter 图片软件处理能力。

【知识要点】

1. 基本概念

地表粗糙度是反映地表起伏变化与侵蚀程度的指标，一般定义为地表单元曲面面积与投影面积之比。

2. 基本理论

(1) 地表粗糙度可分为随机糙度和人为糙度。通常有 2 种理解，一种是从空气动力学角度出发，因地表起伏不平或地物本身几何形状的影响，风速廓线上风速为零的位置并不在地表(高度为零处)，而在离地表一定高度处，这一高度则被定义为地表粗糙度。另一种主要是从地形学角度出发，将地面凹凸不平的程度定义为粗糙度，也称地表微地形。

(2) 地表粗糙度反映地表对风速减弱作用以及对风沙活动的影响，即粗糙度反映了地表抗风蚀的能力，提高地表粗糙度可以有效地防止风蚀的发生。

3. 知识点与课程的关系(图 1-1)

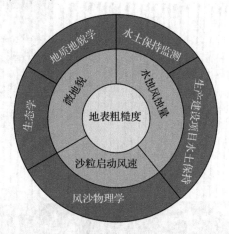

图 1-1 地表粗糙度指标—知识点—课程关系结构

【实操训练】

1. 材料准备

(1) 仪器设备

糙度仪、照相机、计算机。

(2) 应用软件

Profile meter。

2. 应用案例

(1) 案例名称

安塞坡耕地地表糙度年内变化。

(2) 案例来源

许明祥,刘国彬,等. 黄土丘陵区小流域土壤特性时空动态变化研究[J]. 水土保持通报,2000,20(1):21-23。

(3) 实操过程

步骤 1:检查地表糙度仪的完好情况,确保所有探针无弯曲现象,参考点清晰(图 1-2)。

图 1-2　地表糙度仪探针示意

步骤 2：选定待测样地（点），以左上角发亮白点为参照基准面，将探针垂直于待测地面，用高清相机进行拍照（图 1-3）。

图 1-3　地表糙度仪参照基准面示意

步骤 3：以第一测点为中线，10～20 cm 间距分别向上、下、左、右加测 3 次，共计 13 个重复，形成横向地表糙度和纵向地表糙度，并按顺序编号 1，2，…，13（图 1-4）。

步骤 4：将拍摄好的图片上传，储存至电脑桌面位置。然后，双击电脑 Profile meter 图标，打开地表糙度应用程序，点击文件菜单下的"Point，即针"按钮，选定参照基准点，点击确定按钮，系统将会自动生成相关地表糙度数据（图 1-5）。

步骤 5：获取研究区地表糙度数据，取其平均值（表 1-1）。

图 1-4　横向地表糙度和纵向地表糙度示意

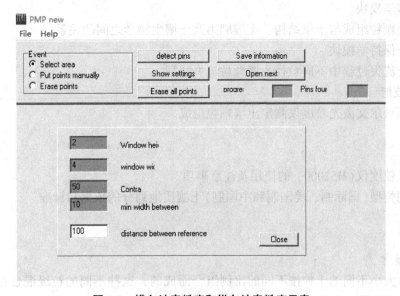

图 1-5　横向地表糙度和纵向地表糙度示意

表 1-1　安塞坡耕地地表糙度年内变化（2000 年）

测定时间	5月18日	6月15日	7月13日	8月10日	9月8日	10月6日	平均值
农地	1.58	1.46	1.33	1.35	1.62	1.40	1.40

【考核内容】

（1）榆林市榆阳区麻黄梁水蚀风蚀观测小区地表粗糙度的年内变化。

（2）榆林市牛家梁国家农业园区农地地表粗糙度测定试验。

实验二　土壤机械组成

【能力目标】

1. 通用技能

（1）土壤学模块

掌握土壤颗粒组成与土壤结构、土壤肥力及土壤生物学之间的关系。

（2）水土保持学模块

了解水土流失过程中不同粒径土壤颗粒流失特征。

2. 专业技能

学会使用马尔文激光粒度仪测定土壤颗粒组成。

【能力要素】

（1）激光粒度仪（MS2000）的使用及注意事项。

（2）不同类型（国际制、美国制和中国制）土壤质地划分的依据和标准。

【知识要点】

1. 基本概念

土壤是由大小不同的土粒按不同的比例组合而成的，这些不同的粒级混合在一起表现出的土壤粗细状况，称土壤机械组成。

2. 基本理论

土壤机械组成是土壤稳定的自然属性之一，土壤机械组成决定着土壤物理、化学和生物特性。机械组成分析的基础工作是测定土壤颗粒粒径，不同土壤的机械组成在矿物上有显著差别，其化学性质和其他各种性质也均不相同，影响着土壤水分、空气和热量运动，也影响养分的转化，还影响土壤结构类型。土壤质地分类是以土壤中各粒级含量的相对百分比作为标准，划分为砂土、壤土和黏土。土壤比表面积是单位质量土粒具有的表面积总和，通常用来表示土壤的分散程度。

土壤比表面积（SSA，soil specific area）计算公式如下：

$$SSA = 0.05(Sa\%) + 4.0(Si\%) + 20(Cl\%) \tag{1-1}$$

式中　SSA——土壤比表面积（$cm^2 \cdot g^{-1}$）；

　　　Sa——砂粒（2mm~50μm）；

　　　Si——粉粒（50~2μm）；

　　　Cl——黏粒（<2μm）。

3. 知识点与课程的关系(图1-6)

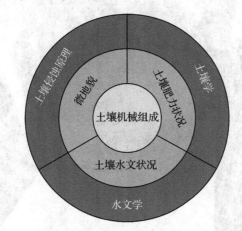

图1-6　土壤机械组成指标—知识点—课程关系结构

【实操训练】

1. 材料准备

(1) 仪器设备

激光粒度仪、土壤套筛、烧杯、玻璃棒。

(2) 应用软件

Sizer Composition Analysis。

2. 应用案例

(1) 案例名称

土壤侵蚀对坡耕地土壤颗粒组成的影响。

(2) 案例来源

李强,许明祥,赵允格,等.黄土高原坡耕地沟蚀土壤质量评价研究.自然资源学报,2012, 27(6): 1001 – 1011。

(3) 实操过程

步骤1:野外采集土壤样品,风干后,过1mm孔径的筛子(图1-7)。

步骤2:称10 g土放至烧杯中,加入25 mL蒸馏水,形成1:2.5水土比的土壤溶液,再用玻璃棒充分搅拌后静置48 h(图1-8)。

步骤3:将静置好的待测土样轻轻地放置在激光粒度仪的进样室,上机测定,连接计算机,打开计算机上Sizer composition analysis软件,获取土壤颗粒组成数据(图1-9)。

步骤4:将测定完成后的原始数据导出计算机(图1-10),根据土壤质地划分标准的美国制标准(黏粒 <2 μm、粉粒 2~50 μm、砂粒 >50 μm),分析并计算土壤黏粒、土壤粉粒和土壤砂粒含量,进一步探明侵蚀对坡耕地土壤颗粒组成的影响(表1-2)。

步骤5:侵蚀对坡耕地土壤颗粒组成的影响结果见表1-2。

图 1-7 土壤过 1mm 土筛

图 1-8 土壤溶液配制

表 1-2 侵蚀对坡耕地土壤颗粒组成的影响　　　　　　　　%

土壤指标	样本数	最大值	最小值	平均值	标准差	变异系数
黏粒含量	64	12.57	5.25	7.92	2.14	26.96
砂粒含量	64	39.14	24.24	34.17	4.50	13.16
粉粒含量	64	63.19	53.45	57.67	3.49	6.05

图1-9 土壤机械组成测定

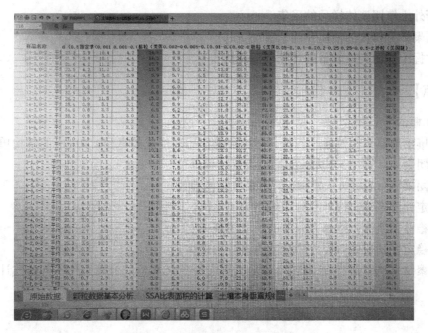

图1-10 系统自动生成的原始数据

【考核内容】

(1) 某一农地土壤黏粒、粉粒和砂粒含量的测定？
(2) 如何获取某一农地土壤比表面积数据？

实验三 土壤水稳性团聚体

【能力目标】

1. 通用技能
(1) 土壤学模块

深入了解土壤团聚体与土壤结构、组成和土壤肥力特征间的关系。

(2) 水土保持学模块

掌握土壤团聚体与土壤颗粒流失特征间的关系。

2. 专业技能

学会利用团聚体分析仪测定并获取土壤水稳性团聚体数据。

【能力要素】

(1) 野外土壤团聚体样品的采集。

(2) 团聚体分析仪的使用及注意事项。

(3) 掌握土壤团聚体含量的计算依据和标准。

【知识要点】

1. 基本概念

(1) 土壤团聚体指土粒通过各种自然过程的作用而形成的直径 <10mm 的结构单位。

(2) 大团聚体：直径 >0.25mm 的团聚状结构单位。

(3) 微团聚体：直径 <0.25mm 的团聚状结构单位。

(4) 稳定性团聚体：抗外力分散的土壤团聚体。

(5) 水稳性团聚体：抗水力分散的土壤团聚体。

(6) 非稳定性团聚体：外力易分散的土壤团聚体。

(7) 团聚体平均质量直径(MMD)和几何平均直径(GMD)的计算采用下列公式计算。

$$MWD = \sum_{i=1}^{n}(\bar{R}_i w_i) / \sum_{i=1}^{n} w_i \tag{1-2}$$

$$GMD = \mathrm{Exp}\left[\sum_{i=1}^{n} w_i \ln \bar{R}_i / \sum_{i=1}^{n} w_i\right] \tag{1-3}$$

式中 $\bar{R}_i$——某级团聚体的平均直径(mm)；

w_i——该级别团聚体占土壤样品总量的质量百分含量。

2. 基本理论

土壤团聚体形成的过程是一个渐进的过程。大体上可分为 2 个阶段。第一阶段是矿物质和次生黏土矿物颗粒,通过各种外力或植物根系挤压相互默结,凝聚成复粒或团聚体;第二阶段是团聚体或复粒再经过胶结、根毛和菌丝体的固定作用形成团聚体。在自然界中实际上这两种作用是很难截然分开的,在一定条件下,单粒可直接形成团聚体。

3. 知识点与课程的关系(图 1-11)

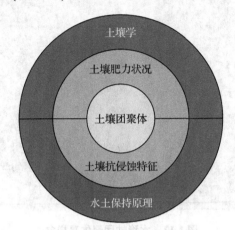

图 1-11 水稳性团聚体指标—知识点—课程关系结构

【实操训练】

1. 材料准备

仪器设备包括团聚体分析仪、沙浴(或烘箱)、天平、原状土样等。

2. 测定方法

沙维诺夫湿筛法。

3. 应用案例

(1) 案例名称

施肥对坡耕地土壤团聚体的影响。

(2) 案例来源

李强,许明祥,齐志军,等. 长期施用化肥对黄土丘陵区坡耕地土壤物理性质的影响. 植物营养与肥料学报,2010,16(16):103-109。

(3) 实操过程

步骤 1:根据实验目的,选择好土壤水稳性团聚体采样的样地,用白铁饭盒采集土壤表层 0~20 cm 的原状土样样品,用胶带轻轻包装好,带回实验室(图 1-12)。

步骤 2:在实验室沿土壤自然结构轻轻剥开,将原状土剥成直径为 10~12 mm 的小土块,并剔除粗根和小石块。然后,将土壤样品平摊在通风透气处,使其自然风干(图 1-13)。

步骤 3:检查土壤团聚体分析仪的完好情况,包括套筛(筛径从大到小分别是 5 mm、2 mm、1 mm、0.5 mm 和 0.25 mm)、水盘等(图 1-14)。

步骤 4:称量原状土样 50 g 两份,分别轻轻移至垫有滤纸带孔的培养皿,然后将带土培养皿放置浅层(约 0.5 cm)水盘中,自下而上浸润土壤 30 min(图 1-15)。

步骤 5:以对角线上的套筛土壤样品为重复,将浸润好的土壤缓缓移至装好水的套筛桶

图 1-12 水稳性团聚体采样盒

图 1-13 水稳性团聚体风干土

中(确保筛孔直径从上到下依次减小),打开电源,垂直振动 30 次或 1 min。然后,在水槽内用线状水流将每个筛子的土壤样品转移至对应编号的烧杯中(图 1-16)。

步骤 6:将烧杯放置在沙浴或烘箱中烘干,称重(g)(图 1-17)。

步骤 7:土壤水稳性团聚体含量计算采用式(1-4)计算。

$$C = \frac{50c_i}{\sum_{i=1}^{i=5} c_i} \times 100 \tag{1-4}$$

实验三 土壤水稳性团聚体

图1-14 水稳性团聚体仪装置

图1-15 水稳性团聚体仪筛桶和筛网

式中 C——土壤团聚体含量(%)；

c_i——某一粒径下土壤团聚体含量。

步骤8：不同施肥处理下土壤团聚体含量见表1-3。

图 1-16 水稳性团聚体转移至烧杯

图 1-17 水稳性团聚体称重

表 1-3 不同施肥处理下土壤团聚体差异

处理	BL	N_0P_0	N_0P_1	N_0P_2	N_1P_0	N_1P_1	N_1P_2	N_2P_0	N_2P_1	N_2P_2
平均值(%)	9.6	20.2	20.5	20.2	17.0	17.8	21.4	14.1	24.3	20.2
标准误	2.0	3.3	2.8	3.0	4.7	2.3	3.3	2.4	0.4	2.1

【考核内容】

如何获取某一农地土壤团聚体平均质量直径(MMD)和几何平均直径(GMD)数据？

实验四　土壤渗透性

【能力目标】

1. 通用技能

（1）土壤学模块

掌握土壤渗透性与土壤结构、组成和肥力特征之间的关系。

（2）水文学模块

了解土壤渗透性与土壤水源涵养作用的关系。

（3）水土保持学模块

理解土壤渗透性与地表径流及泥沙流失之间的关系。

2. 专业技能

学会用双环刀法测定并获取土壤渗透性数据，同时对比了解双环法测定土壤渗透性参数。

【能力要素】

（1）野外典型土壤渗透性样品的采集。

（2）双环刀法测定土壤渗透性的原理。

（3）如何获取土壤渗透速度、稳渗系数和 K_{10}。

【知识要点】

1. 基本概念

（1）土壤渗透速度就是在单位面积土壤上，在一定时间内，渗透的水分量。

（2）渗透系数是指在单位水压梯度下的渗透速度。为了使不同温度下所测得的 K_t 值便于比较，应换算成10℃时的渗透系数。

2. 基本理论

（1）径流对土壤的侵蚀能力主要取决于地表径流量，而透水性强的土壤往往在很大程度上减少地表径流量。土壤透水性强弱常用渗透率（或渗透系数）表示。当渗透量达到一个恒定值时的入渗量即为稳渗系数。

（2）在降雨初期一段时间（几分钟）内，土壤渗透速率较高，降雨量全部渗入土壤，此时土壤的渗透速率和降水速率等值，没有地表径流产生。随着降雨时间延长、土壤含水量增高，渗透速率逐渐降低，当渗透速率小于降水速率时，地表产生径流。

3. 知识点与课程的关系(图1-18)

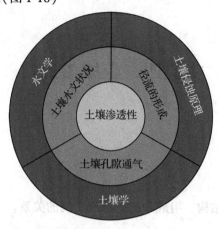

图1-18 土壤渗透性指标—知识点—课程关系结构

【实操训练】

1. 材料准备

仪器设备包括环刀(200 cm³,$h = 5.2$ cm,$\varPhi = 7.0$ cm),量筒(100 mL、50 mL),烧杯(100 mL),漏斗,漏斗架,秒表等。

2. 采用方法

双环刀法。

2. 应用案例

(1) 案例名称

不同构建模式水源涵养林对土壤渗透性能的影响。

(2) 案例来源

赵洋毅,王玉杰,王云琦,等. 渝北水源区水源涵养林构建模式对土壤渗透性的影响[J]. 生态学报,2010,30(15):4162 - 4172。

(3) 实操过程

步骤1:在室外用环刀取原状土,带回实验室内,将环刀上、下盖取下,下端换上有网孔且垫有滤纸的底盖并将该端浸入水中,同时注意水面不要超过环刀上沿。一般砂土浸润4 ~ 6 h,壤土浸润8 ~ 12 h,黏土浸润24 h(图1-19)。

图1-19 土壤渗透性实验用环刀

步骤2：到预定时间将环刀取出，在上端套上一个空环刀，接口处先用胶布封好，再用熔蜡黏合，严防从接口处漏水。然后将结合后的环刀放在漏斗上，架上漏斗架，漏斗下面接上烧杯(图1-20)。

图1-20　土壤渗透性实验架

步骤3：往上面的空环刀中加水，水层深度5 cm，加水后从漏斗滴下第一滴水时开始计时，以后每隔1，2，3，5，10，…，t_i，…t_n min更换漏斗下的烧杯(间隔时间的长短，视渗透快慢而定，注意要保持一定压力梯度)分别量出渗入量Q_1，Q_2，Q_3，Q_5，…，Q_n。每更换一次烧杯要将上面环刀中水面加至原来高度，同时记录水温(图1-21)。

图1-21　土壤渗透性中渗水量

步骤4：实验一般时间约1 h，此时，渗透速率开始稳定，否则需继续观察到单位时间内渗出水量相等时为止。

步骤5：结果计算

(1) 渗出水总量 (Q)

$$Q_{(mm)} = \frac{(Q_1 + Q_2 + \cdots + Q_n) \times 10}{S} \tag{1-5}$$

式中　Q_1，Q_2，Q_3，…，Q_n——每次渗出水量(mL)；

　　　S——渗透筒的横断面积(cm²)；

　　　10——由 cm 换算成 mm 所乘的倍数。

这样就可算出当地面保持5 cm 水层厚度时，在任何时间内渗出水的总量。

(2) 渗透速度 (V)

$$V = \frac{10 \cdot Q_n}{t_n \cdot S} \tag{1-6}$$

式中　V——渗透速度(mm/min)；

　　　t_n——每次渗透所间隔的时间(min)；

　　　Q_n——间隔时间内渗透的水量(mL)。

由式(1-6)说明，渗透速度就是在单位面积土壤上，在一定时间内，渗透的水分量。

(3) 渗透系数 (K)

$$K_t = \frac{10 \cdot Q_n \cdot L}{t_n \cdot S \cdot (h+L)} = V \cdot \frac{L}{h+L} \tag{1-7}$$

式中　K_t——温度为 t(℃)时的渗透系数(mm/min)；

　　　L——土层厚度(cm)；

　　　h——水层厚度(cm)。

从式(1-7)可以看到，通过某一土层的水量，是与其断面积，时间和水层厚度(水头)成正比，与渗透经过的距离(饱和土层厚度)呈反比。所以

$$K_{10} = \frac{K_t}{0.7 + 0.03t} \tag{1-8}$$

式中　K_{10}——温度为10℃时的渗透系数(mm/min)；

　　　t——测定时的温度(℃)；

　　　0.7，0.03——经验系数。

【考核内容】

(1) 如何获取某一农地土壤渗透速度数据？

(2) 如何获取某一农地土壤稳渗系数数据？

(3) 如何获取某一农地土壤 K_{10} 数据？

实验五 土壤崩解速率

【能力目标】

1. 通用技能
（1）土壤学模块

深入了解土壤结构的概念，掌握土壤团聚体与土壤抗蚀特性间的关系。

（2）土壤侵蚀原理模块

理解土壤崩解的发生发展过程及影响因素，深刻认识土壤崩解对土壤侵蚀过程的影响。

2. 专业技能
学会利用崩解速率仪测定并获取不同质地土壤的崩解速率。

【能力要素】

（1）土壤崩解速率仪的使用及注意事项。

（2）野外采样器的使用。

（3）使用 Excel 绘制崩解速率曲线并分析土壤崩解过程。

【知识要点】

1. 基本概念
（1）土壤崩解，土工上称为湿化，是指土壤在静水中发生分散、碎裂解体、塌落或强度减弱的现象。

（2）土壤崩解速率表示土壤崩解强度，即单位时间内土壤崩解的体积数或质量数。

2. 基本理论

土壤崩解速率大，表示土壤在静水中被分散、碎裂、塌落的越快，即土壤抗冲性小，产生土壤侵蚀的概率就越高，是评价土壤侵蚀严重程度的重要指标之一。土壤崩解速率受土壤质地、土壤结构、土壤中植物根系的影响。

3. 知识点与课程的关系(图1-22)

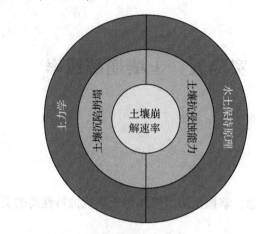

图1-22 土壤崩解速率指标—知识点—课程关系结构

【实操训练】

1. 材料准备

(1) 仪器设备

土壤崩解速率仪、特制取样器、滤纸。

(2) 应用软件

Excel 2007 软件。

2. 应用案例

(1) 案例名称

子洲县坡耕地原状土崩解速率测定。

(2) 案例来源

李强, 张正, 孙会. 土壤崩解速率的一种修正方法[J]. 水土保持研究, 2015, 22(06): 344 - 348。

(3) 实操过程

步骤1: 在试验地用小铁铲将土体表面整平, 注意保持土壤结构不受破坏。用木槌将带有托柄的崩解取样器打入土中, 并用小铁铲将其整体取出, 削去四周多余土体, 再用塑料薄膜包扎好备用(图1-23)。

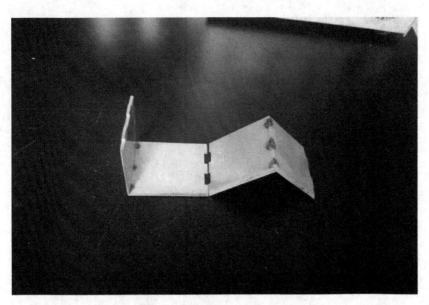

图 1-23　土壤崩解速率取样器示意

步骤 2：土壤崩解试验时，先将试样从取样环刀中轻轻取出，称重（g），垫上滤纸，用浅层水盘自下而上浸润土壤，直至土壤饱和（图 1-24、图 1-25）。

图 1-24　土壤崩解速率取样器取样示意

步骤 3：将饱和的土壤样品放置在一铁架台上静置，待排出重力水后再次称重（g）。

步骤 4：轻轻移开取样器，将土样放置在拉力计的吊盘网板上，调节仪器上方螺旋调节钮，将网板架放入盛有清水的崩解槽中，开始计时读数并记录（图 1-26、图 1-27）。

图 1-25　土壤崩解速率取样器土壤浸润示意

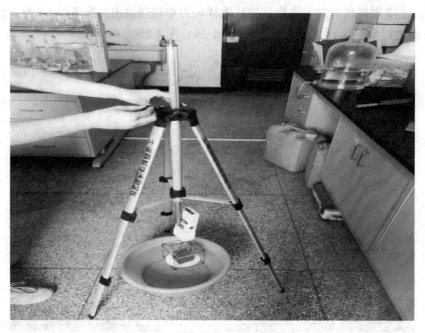

图 1-26　土壤崩解过程全景示意

步骤 5：绘制土壤崩解过程曲线（图 1-28）。

步骤 6：采用式(1-9)，计算土壤崩解速率。

$$v = \frac{f_{t_1} - f_{t_2}}{g\Delta t} = \frac{(G_{t_1} - G_{t_2}) - (F_{t_1} - F_{t_2})}{g\Delta t} = \frac{m_{t_1} - m_{t_2}}{g\Delta t} - \frac{F_{t_1} - F_{t_2}}{g\Delta t} \tag{1-9}$$

式中　v——土壤崩解速率(g/min)，

图1-27 土壤崩解过程近景示意

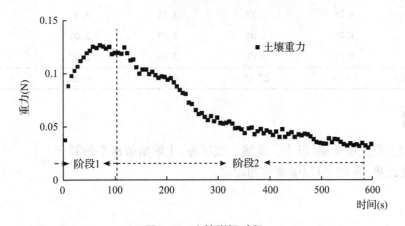

图1-28 土壤崩解过程

（阶段1：以吸水膨胀为主；阶段2：以崩解为主）

Δt——土壤崩解时间(min)，$\Delta t = t_1 - t_2$；

G_{t_1}，G_{t_2}，F_{t_1}，F_{t_2}——分别为t_1、t_2时刻土块所受重力、浮力。

步骤6：子洲县坡耕地原状土崩解速率数据见表1-4。

表1-4　不同方法计算的土壤崩解速率　　　　　　　　　　　g/min

编号	拉力计法	转化为浮筒法	系数 k	修正的拉力计法	转化为浮筒法
1	1.18	0.99	2.50	2.96	2.49
2	1.04	0.89	2.57	2.67	2.28
3	0.80	0.71	2.72	2.17	1.92
4	0.69	0.61	2.76	1.90	1.69
5	0.88	0.77	2.68	2.35	2.07
6	1.43	1.11	2.24	3.20	2.48
7	0.87	0.74	2.57	2.24	1.91
8	0.90	0.78	2.64	2.37	2.06
9	0.98	0.85	2.64	2.59	2.25
10	0.80	0.69	2.60	2.08	1.79
11	1.39	1.10	2.29	3.19	2.51
12	1.56	1.19	2.20	3.42	2.61
13	1.07	0.87	2.39	2.55	2.07
14	1.07	0.95	2.72	2.91	2.57
15	0.70	0.61	2.68	1.87	1.64
16	1.42	1.11	2.26	3.21	2.51
17	1.60	1.20	2.16	3.45	2.59
18	1.55	1.17	2.18	3.37	2.56
19	1.26	1.02	2.39	3.00	2.44
20	0.75	0.67	2.76	2.07	1.85
变异系数 $CV(\%)$	27.94	22.15	8.51	19.82	14.94

【考核内容】

(1) 中国主要土壤类型(黑土、黄壤、红壤等)土壤崩解速率的测定。

(2) 耕地土壤(黄绵土)崩解速率的测定。

实验六 土壤黏结力

【能力目标】

1. 通用技能
（1）土壤学模块

深入了解土壤黏结力与土壤结构、组成及土壤水分特征之间的关系。

（2）水土保持学模块

理解土壤黏结力是众多土壤侵蚀模型重要的输入参数，如 EUROSEM(European Soil Erosion Model)。

2. 专业技能

学会使用土壤黏结力仪测定并获取土壤黏结力仪数据。

【能力要素】

（1）土壤黏结力仪的使用及注意事项。

（2）土壤黏结力与侵蚀特征之间的关系。

【知识要点】

1. 基本概念

土壤黏结力是指在充分湿润情况下，单位体积土壤抵抗外力扭剪的能力。

2. 基本理论

（1）黏结性原是指同种物质或者同种分子之间的相互吸引而黏结的性质。在土壤中，土粒之间由于分子引力、胶结、氢键等作用，相互吸引而黏结起来，就是土壤的黏结性。

（2）土壤黏结作用受到土壤质地、土壤有机质、土壤胶体上交换性阳离子的种类及土壤含水量等因素的影响。

（3）土壤黏结力数值越大抵抗外力扭剪的能力越大，土壤抗蚀能力越强，侵蚀越微弱；反之则越剧烈。因此，该指标的大小直接影响侵蚀强度。

3. 知识点与课程的关系（图1-29）

图1-29 土壤黏结力指标—知识点—课程关系结构

【实操训练】

1. 材料准备

仪器设备包括微型黏结力仪、洒水壶等。

2. 采用方法

黏结力仪法。

3. 应用案例

（1）案例名称

土壤黏结力坡面空间模拟。

（2）案例来源

李振炜，张光辉，耿韧，等. 黄土丘陵区浅沟表层土壤黏结力状态空间模拟[J]. 农业机械学报，2015，46(6)：175-182。

（3）实操过程

步骤1：检查土壤黏结力仪完好情况，包括齿轮完整度、弹簧紧松度等（图1-30）；

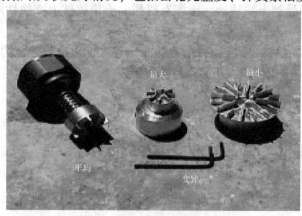

图1-30 土壤黏结力仪部件组成

图 1-31 地表喷湿过程

步骤2：测定前先将地表喷湿，使地表土壤充分湿润（图1-31）。

步骤3：然后将黏结力仪的叶轮垂直插入土壤，顺时针扭动黏结力仪，叶轮开始剪切土壤（图1-32）。

图 1-32 土壤黏结力仪切入土壤

步骤4：用力较小时，土壤不转动，当扭矩足够大且达到土壤最大抗剪强度时，土壤开始转动，此时记下黏结力仪刻度盘上的数值，反复测量15~20次取其平均值（图1-33）。

步骤5：使用Excel 2007处理土壤黏结力特征值数据。

步骤6：安塞浅沟表层土壤黏结力特征值的结果计算见表1-5。

图 1-33　土壤黏结力仪读数

表 1-5　安塞浅沟表层土壤黏结力特征值

变量	最小值	最大值	平均值	标准差	变异系数	相关系数
黏结力（kg/cm^2）	0.504	1.346	0.967	0.204	0.21	1.000

【考核内容】

如何获取某一农地土壤黏结力数据？

实验七　土壤可蚀性

【能力目标】

1. 通用技能

土壤学模块：深入理解土壤的质地、结构对土壤抗崩解特性和可蚀性质的影响。

2. 专业技能

学会利用诺谟方程法计算土壤可蚀性数值。

【能力要素】

（1）土壤有机质的测定。

（2）土壤渗透速率的测定。

（3）Office 软件中 Excel 2007 和 Word 2007 的使用。

【知识要点】

1. 基本概念

土壤可蚀性是指土壤在雨滴打击、径流冲刷等外营力作用下被分散、搬运的难易程度，并进一步将其分为可分离性和可搬运性。它是评价土壤对侵蚀敏感程度的重要指标，也是进行土壤侵蚀预报的重要参数。

2. 基本理论

1969 年，Wischmeier 用模拟降雨和小区试验的方法测定了 55 种土壤的可蚀性指数，选定 13 个土壤特征指标与土壤可蚀性进行回归分析，得出了计算土壤可蚀性因子的方程（W. H. Wischmeier and J. V. Mannering, 1969），如下式所示：

$$K = \frac{[2.1 \times 10^{-4} \times M^{1.14}(12 - S \times OM) + 3.35(s - 2) + 2.5(P - 3)]}{100} \quad (1\text{-}10)$$

式中　M——美国粒径分级制中的（粉粒 + 极细砂）百分比与（100 - 黏粒）之积；

　　　OM——土壤有机质含量（%）；

　　　S——结构系数（表 1-6）；

　　　P——渗透性等级（表 1-7）。

表 1-6　土壤结构系数查算表

结构特征	平均团聚体（mm）	团聚体等级
极细粒	<1	1
细粒	1~2	2
中粒	2~10	3
块状、片状或土块	>10	4

表1-7 土壤渗透性系数查算表

渗透性	渗透性(mm/d)	渗透性等级
急慢	<1	1
慢	1~10	2
中慢	10~40	3
中	40~100	4
中快	100~300	5
快	>300	6

3. 知识点与课程的关系(图1-34)

图1-34 土壤可蚀性指标—知识点—课程关系结构

【实操训练】

1. 材料准备

(1) 仪器设备

土壤入渗仪。

(2) 应用软件

Excel 2007 软件。

2. 应用案例

(1) 案例名称

黄土、红壤和黑土的可蚀性计算。

(2) 案例来源

张科利,彭文英,杨红丽. 中国土壤可蚀性值及其估算[J]. 土壤学报,2007,44(1):8-13。

(3) 实操过程

步骤1:测定土壤有机质、团聚体粒径和土壤渗透性,并从表1-6中查询获得土壤的结构系数,由表1-7中查询获得土壤的渗透性系数。

步骤2:依据式(1-10)计算土壤可蚀性K值。

步骤3:中国部分土壤实测可蚀性K值见表1-8。

表 1-8　中国部分土壤实测可蚀性 K 值

侵蚀区	土壤类型	位置	小区状况	K 值	资料年限
东北黑土区	黑土	鹤山	9%，裸地	0.038 1	2002—2003
	白浆土	宾县	9%，裸地	0.021 0	1985—1989
北方土石山区	褐土	密云	26.8%，裸地	0.001 8	2001—2003
黄土高原	黄绵土	子洲	40.4%，农地	0.018 6	1964—1967
红壤区	砖红壤	岳西	32.5%，裸地	0.001 8	1984—1991
西南石质山区	紫色土	绥宁	26.8%，裸地	0.019 1	1999—2002

注：表中 K 值均为国际制单位 $t \cdot hm^2 \cdot h/(hm^2 \cdot MJ \cdot mm)$。

【考核内容】

细砂土可蚀性数值的计算。

第二篇

室内模拟侵蚀试验情景分析

实验一　雨滴中数直径观测

【能力目标】

1. 通用技能

(1) 气象学模块

了解雨滴形状、大小等特性,掌握降雨量、降雨强度等概念。

(2) 计算机模块

使用 Excel 2007 获得回归趋势线的拟合公式及相关系数,并在 Excel 2007 中设置各图表参数。

2. 专业技能

学会使用色斑法测定雨滴直径,根据雨滴累积体积百分数曲线获得雨滴中数直径。

【能力要素】

(1) "雨滴直径—色斑直径"标准曲线率定。

(2) 雨滴采样盒的使用和注意事项。

(3) 次降雨雨滴累积体积百分数曲线的绘制。

【知识要点】

1. 基本概念

一次降雨中,雨滴累积体积为 50% 所对应的雨滴直径称为中数直径,用 D_{50} 表示。

2. 基本理论

(1) D_{50} 表明该次降雨中大于这一直径的雨滴总体积等于小于该直径的雨滴的总体积。

(2) 雨强与中数直径间存在幂函数关系;在低强度降雨条件下,雨滴大小随降雨强度的增大而变大;当雨强超过 80~100 mm/h 时,中数直径反而有下降趋势。

(3) 雨滴中数直径与雨滴能量间关系紧密,随雨滴直径增大,雨滴下落的终点速度增大,对地表的冲击力也越大,对地表土壤的溅蚀能力也随之增大。

3. 知识点与课程的关系（图2-1）

图2-1 雨滴中数直径指标—知识点—课程关系结构

【实操训练】

1. 材料准备

（1）仪器设备

不同孔径的针头，0.0001感量天平，单对数坐标纸。

（2）试剂

滑石粉、曙红。

2. 应用案例

（1）案例名称

陕西杨凌自然降雨的雨滴中数直径测定。

（2）案例来源

吴光艳，吴发启，尹武君，等. 陕西杨凌天然降雨雨滴特性研究[J]. 水土保持研究，2011，31(01)：48-51。

（3）实操过程

步骤1：将称量瓶编号、烘干，在1/10000天平上称重，然后用不同孔径的针头、滴管各在一只称量瓶内滴100滴水滴，用计算器计数，称量每滴水的重量G，并按下式求出其直径。

$$G = \frac{4}{3}\pi\left(\frac{1}{2}d\right)^3 \times \rho \tag{2-1}$$

$$d = \sqrt[3]{\frac{6G}{\rho\pi}} = 1.224\sqrt[3]{G} \tag{2-2}$$

式中 d——水滴直径（cm）；

　　　G——水滴重量（g）；

　　　ρ——水的密度（g/cm³）。

步骤2：将曙红与滑石粉按1:10的比例混合均匀（图2-2），将适量混合粉末撒于直径为15cm的定性中速滤纸，用毛刷刷匀，此时滤纸微显红色（图2-3），当雨滴滴上后，即产生一个近似圆形的色斑。

步骤3：将以上各种孔径的针头、滴管分别在滤纸上滴出100个色斑，对每个色斑按2个不同方向量取其直径，最后求出每种孔径针头所滴水珠色斑的直径（图2-4、表2-1）。

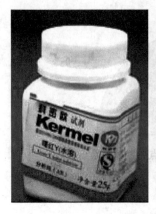

图 2-2 曙红与滑石粉

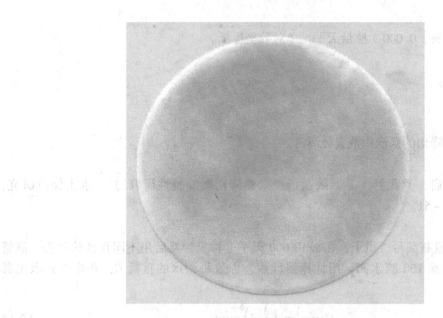

图 2-3 滤纸微显红色

表 2-1 不同大小水滴直径与色斑直径率定计算表

不同孔径滴器编号	100 滴水滴重量（mg）	单个水滴重量（mg）	每个水滴直径（mm）	水滴色斑直径（mm）
1				
2				
……				

步骤 4：将以上资料绘出水滴直径与色斑直径的相关图，按指数曲线回归获得相关式，据此可查出图 2-4 所示范围内任意色斑直径相应的雨滴直径。

步骤 5：将涂有混合粉的滤纸置于一大小适当的带盖木盒内，将滤纸用图钉固定好。降雨时，将盒平置雨下，盒盖打开，待滤纸上承接雨滴后，迅速将盒盖上，带回室内取出滤纸，

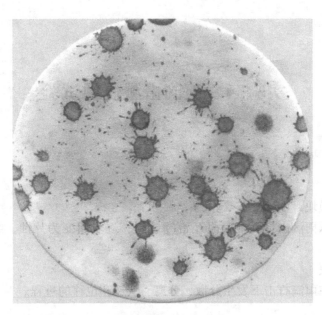

图 2-4 滤纸水珠色斑

将多余的粉末弹去,在背面记下处理时间、地点、雨强等,重复 3 次。

步骤 6:逐一量取滤纸上各色斑直径,并按分组统计的方法,计算各直径级雨滴的体积及出现次数(表 2-2),计算各直径级雨滴体积占总体积的百分数,绘制雨滴累计体积百分数曲线,从图 2-5 上求出该次降雨的中数直径。

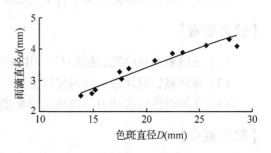

图 2-5 水滴直径与色斑直径的相关示意

表 2-2 雨滴直径、体积计算表

色斑径级 (mm)	次数	单个雨滴直径 (mm)	单个雨滴 体积(mL)	各径级雨滴 体积(mL)	各直径级雨滴体积 占雨滴总体积的比例 (%)	小于该粒直径级 所占比例 (%)
1						
2						
3						
…						

【考核内容】

(1)选择某一区域,观测自然降雨雨滴中数直径。
(2)室内模拟降雨雨滴中数直径的观测。

实验二　雨滴击溅侵蚀试验

【能力目标】

1. 通用技能

（1）水土保持模块

了解降雨产流从雨滴击打土壤表面开始（溅蚀），逐步演变为片蚀、细沟、浅沟、切沟、冲沟及河沟的过程。

（2）土壤学模块

掌握土壤颗粒在雨滴打击下发生分散、分离、跃迁和位移的过程。

2. 专业技能

学会使用溅蚀盘观测雨滴击打下土壤发生分散、分离、跃迁和位移的过程。

【能力要素】

（1）土壤溅蚀盘（或溅蚀槽）的使用和注意事项。

（2）理解溅蚀对片蚀、细沟侵蚀量的贡献。

（3）了解溅蚀的水动力学机理及预测模型。

【知识要点】

1. 基本概念

溅蚀是指雨滴直接打击土壤表面，使土壤颗粒发生分散、分离、跃迁和位移的过程。

2. 基本理论

（1）溅蚀发生在坡面产流之前和产流之初，是坡面水蚀过程的开始。在雨滴打击作用下，溅蚀破坏土壤表层结构，减少或者阻止了降水入渗，增加了径流紊动性，进而增加了径流的分散和搬运能力。

（2）雨滴溅蚀过程分为干土溅散，湿土溅散，泥浆溅散和地表板结4个阶段。影响溅蚀的主要因素包括降雨特征、地表状况（如前期土壤含水量）及土壤特性等。

3. 知识点与课程的关系(图 2-6)

图 2-6　雨滴击溅侵蚀指标—知识点—课程关系结构

【实操训练】

1. 材料准备

仪器设备包括溅蚀盘(或溅蚀槽)、0.000 1 感量天平、滤纸。

2. 应用案例

(1) 案例名称

降雨能量对典型黑土溅蚀的影响。

(2) 案例来源

胡伟，郑粉莉，边锋. 降雨能量对东北典型黑土区土壤溅蚀的影响研究. 生态学报，2016，36(15)：4708-4717。

(3) 实操过程

步骤 1：了解溅蚀槽的构成及功能。该土槽可在同一降雨时间对上坡溅蚀、侧坡溅蚀、下坡溅蚀和薄层水流侵蚀(片蚀)进行分开采样。试验装置规格为：长×宽×高 = 124 cm×117 cm×80 cm，中央为试验土槽，其规格为：长×宽×高 = 50 cm×50 cm×40 cm，下端设集流装置采集径流泥沙样，四周设有溅蚀收集槽，通过底部的塑料软管进行收集，外侧为溅蚀缓冲区。上、下坡溅蚀收集槽规格为：长×宽×高 = 57 cm×3.5 cm×40 cm，侧坡溅蚀收集槽规格为：长×宽×高 = 50 cm×3.5 cm×40 cm，溅蚀板高出土槽约 40 cm。土槽底部每隔 10 cm(长)和 10 cm(宽)处设计孔径为 2 mm 的排水孔，用以保证降雨试验过程中排水良好(图 2-7)。

步骤 2：为保证良好的透水性，在试验土槽底部铺 20 cm 厚细沙。沙子上部每 5 cm 一层填装容重为 1.25 g/cm³ 的黑土用于模拟农耕地的犁底层，装土厚度为 10 cm。犁底层之上填装容重为 1.20 g/cm³ 的黑土用于模拟耕层，每 5 cm 一层填装，装土厚度为 10 cm。装上层土之前，用 1 cm 厚的木板抓毛下层土壤表面，以减少土壤分层现象。每次试验前翻耕表土约 10 cm，并用齿耙耙平，模拟黑土区农耕地坡面情况。

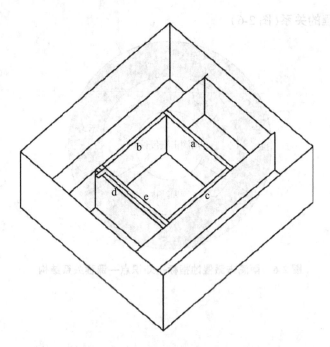

图 2-7 雨滴击溅侵蚀槽设计示意
(a、b、c、d 分别收集上坡、左侧、右侧、下坡溅蚀，e 收集薄层水流侵蚀)

图 2-8 雨滴击落地面土壤

步骤 3：为了确保模拟降雨的均匀性和准确性，试验开始前对雨滴击落地面进行观测（图 2-8），并对降雨强度进行率定，当降雨均匀度大于 85%，实测降雨强度与目标降雨强度的差值小于 5% 时方可进行正式降雨（图 2-8）。

步骤 4：降雨开始后，各方向的溅蚀量分别取全样。降雨强度为 50 mm/h 的试验处理，采样间隔为 6 min；降雨强度为 100 mm/h 试验处理，采样间隔为 3 min。降雨结束后，用清水分别冲洗上、下、左、右溅蚀板上残留的溅蚀土样，以保证溅蚀土样被完全收集（图 2-9、图 2-10）。

图 2-9 雨滴击溅侵蚀槽实体

图 2-10 雨滴击溅侵蚀发生后

步骤 5：当坡面产流后，记录初始产流的时间，接取径流泥沙样品，取样间隔时间为 3~6 min。降雨结束后，称取溅蚀和径流泥沙的质量（电子秤量程为 60 kg，精度为 0.001 kg），采用烘箱烘干（105℃，24 h），测得溅蚀和径流泥沙质量（电子天平精度为 0.1 g，图 2-11）。

步骤 6：降雨强度对东北典型黑土区土壤溅蚀的特征值见表 2-3。

图 2-11 雨滴击溅侵蚀泥沙称重

表 2-3 黑土区土壤溅蚀的特征值

降雨强度(mm/h)		50				
雨滴降落高度(m)		3.5	5.5	7.5	9.5	11.5
降雨能量[J/(m²·mm)]		6.48	6.77	7.75	8.59	9.83
溅蚀量 [g/(m²·h)]	向上坡	9.2±0.6	14.0±5.6	23.2±0.2	36.3±1.5	48.5±0.2
	向下坡	19.5±1.0	31.7±8.7	52.1±4.8	80.9±3.9	98.3±1.8
	向左侧	15.3±1.0	28.9±12.8	46.6±0.9	63.9±3.3	69.6±17.0
	向右侧	17.2±0.6	23.7±3.5	39.5±4.0	71.7±1.9	83.6±5.1
	侧坡	16.2±0.8	26.3±8.1	43.0±2.5	67.8±2.6	76.6±11.0
	总溅蚀量	61.2±3.2	98.3±30.5	161.4±9.9	252.9±10.6	299.9±23.7
	净蚀量	10.3±0.4	17.7±3.2	28.9±4.6	44.6±2.3	49.8±2.1

注：表中数值表示平均值±标准差。

【考核内容】

(1) 降雨能量对典型土壤溅蚀的影响。
(2) 室内模拟溅蚀对径流泥沙量的贡献能力。

实验三　模拟降雨试验

【能力目标】

1. 通用技能

（1）气象学模块

了解降雨强度、降雨量的概念，掌握降雨量和降雨强度的观测方法。

（2）地貌学模块

熟知土壤地表粗糙度的概念，学会坡度仪的使用，熟知坡度、地表粗糙度对坡面土壤侵蚀的影响。

2. 专业技能

（1）熟知室内人工模拟降雨的全过程，学会处理试验径流样品和泥沙样品，并计算径流率、径流含沙量、次降雨侵蚀量等水沙参数。

（2）观察模拟降雨过程中土壤的溅蚀阶段、面蚀阶段和沟蚀阶段的过渡与转化，更深入地认识和理解坡面侵蚀过程。

【能力要素】

（1）模拟降雨试验流程的认识与设计。

（2）降雨强度的人为调节和率定。

（3）试验径流样品和泥沙样品的采集与处理。

【知识要点】

1. 基本概念

（1）降雨强度

单位时段内的降雨量，以 mm/min 或 mm/h 计算。

（2）径流率

地表径流的总水量占降水量的百分率(%)。

（3）径流含沙量

单位体积浑水中所含泥沙的质量，计量单位为(kg/m^3)。

2. 基本理论

坡面侵蚀过程分为溅蚀—层状侵蚀—细沟状面蚀 3 个过程。

（1）溅蚀阶段

降雨雨滴动能作用于地表土壤而做功，导致土粒分散，溅起和增强地表薄层径流紊动等现象。经历干土溅散—湿土溅散—泥浆溅散—地表板结 4 个阶段后，坡面水流逐渐形成。

(2) 层状侵蚀

坡面水流形成初期，水层很薄，速度较慢，能量不大，冲刷力微弱，只能较均匀地带走土壤表层中细小的呈悬浮状态的物质和一些松散物质，即形成层状侵蚀。

(3) 细沟状面蚀

径流汇集的面积不断增大，同时又继续接纳沿途降雨，因而流量和流速不断增加。产生强烈的坡面冲刷，引起地面凹陷，随之径流相对集中，侵蚀力变强，在地表上形成细小而密集的沟，称细沟侵蚀。

3. 知识点与课程的关系（图2-12）

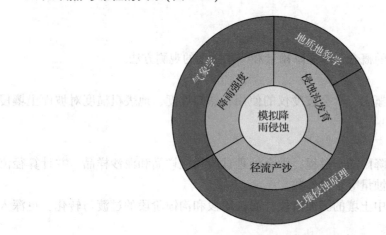

图2-12 模拟降雨指标—知识点—课程关系结构

【实操训练】

1. 材料准备

(1) 仪器设备

人工模拟降雨器、雨量计、雨量杯、烘箱、天平。

(2) 应用软件

Excel 2007 软件。

2. 应用案例

(1) 案例名称

模拟降雨条件下含砾石红壤工程堆积体产流产沙过程。

(2) 案例来源

史倩华，王文龙，郭明明. 模拟降雨条件下含砾石红壤工程堆积体产流产沙过程[J]. 应用生态学报，2015，26(09)：2673-2680。

(3) 实操过程

步骤1：将试验土壤过筛后，分层填装入径流槽，人工铺平表层土壤并打毛（图2-13）。

图 2-13　模拟降雨土槽装土

图 2-14　模拟降雨率定雨强（包括测定径流量）

步骤2：用塑料遮雨布将径流槽遮盖后，开启人工降雨设备，率定雨强（图2-14）。

步骤3：揭开遮雨布，开始人工模拟降雨，直至坡面径流流出小区集流槽断面时记录产流时间（图2-15）。

步骤4：记录产流产沙过程，用径流桶每3min接取一次径流泥沙样，量测体积并记录为L，将量测后的径流泥沙样转移至铝盒静置吸去上清液，试验后将泥沙样在110℃下烘至恒重后称重，计算铝盒中的干泥沙重 Ms（图2-16）。

步骤5：计算接取泥沙样品的含沙量 ρ_s，假设在采集样品的3min内坡面的径流率和径流含沙量恒定，则次降雨产生的侵蚀量 A。其计算公式如下：

图 2-15 模拟降雨过程

图 2-16 模拟降雨烘干土壤称重

$$A = \sum_{i=1}^{n} \rho_s \times L_i \tag{2-3}$$

式中　A——侵蚀量(g)；

　　　ρ_s——径流含沙量(kg/m³)；

　　　L_i——径流量(m³)。

【考核内容】

(1) 人工模拟降雨径流泥沙量随降雨历时变化的曲线绘制与描述。

(2) 记录所见到的土壤侵蚀类型、形式和形态特征，并计算人工模拟降雨土壤侵蚀量的大小。

实验四　模拟冲刷试验

【能力目标】

1. 通用技能

（1）生态学模块

利用生态学时空互代方法，掌握如何选择典型土壤抗冲性采样的样地及样点。

（2）土壤学模块

深入了解土壤结构、含水量与土壤抵抗冲刷能力的关系。

2. 专业技能

学会利用人工模拟冲刷槽测定并获取土壤抗冲系数数据。

【能力要素】

（1）野外典型土壤抗冲性样地和样点的选择。

（2）人工模拟冲刷槽的操作方法及注意事项。

（3）径流泥沙样品采集和测定。

【知识要点】

1. 基本概念

土壤抗冲性是指土壤抵抗径流对其机械破坏和推动下移的性能，其值大小受到土壤质地与结构的影响。

2. 基本理论

（1）早在20世纪60年代初，朱显谟院士针对黄土高原土壤侵蚀的特征及研究结果，就提出"土壤抗冲性"的概念，并指出，土壤抗冲性的研究将是揭示黄土高原土壤侵蚀规律的关键。

（2）土壤的结构、质地、腐殖质含量、吸收性复合体的组成等是决定土壤抗蚀能力的主要因素。

（3）通常，用土壤结构系数、水稳性指数和分散率等作为土壤抗蚀性大小的衡量指标。

3. 知识点与课程的关系（图 2-17）

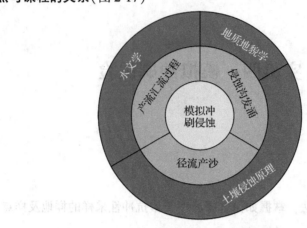

图 2-17　土壤抗冲性指标—知识点—课程关系结构

【实操训练】

1. 材料准备

仪器设备包括冲刷装置、取样器、径流桶、烘箱、天平等。

2. 应用案例

(1) 案例名称

安塞撂荒地土壤抗冲性年内变化。

(2) 案例来源

李强，刘国彬，许明祥，等．黄土丘陵区撂荒地土壤抗冲性及相关理化性质[J]．农业工程学报，2013，29(10)：153-159。

(3) 实操过程

步骤 1：检查人工模拟冲刷槽设备完好情况（图 2-18），包括取样器（图 2-19）、冲刷槽、稳流槽、径流桶（瓶）等。

图 2-18　模拟冲刷槽远景

图 2-19　模拟冲刷槽取样器

步骤2：用20 cm × 10 cm × 10 cm（长 × 宽 × 高）的特制取样器，轻轻地放置在样地土壤表面上，保持取样器刀口向下。在取样器正上方垫以结实木头，用皮锤将取样器顺坡垂直砸下（图2-20）。

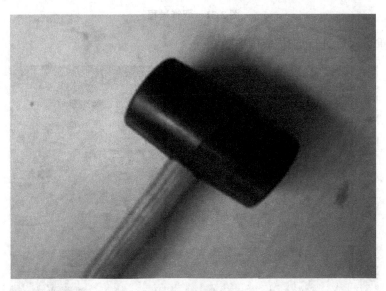

图 2-20　取样用皮锤

步骤3：铲掉取样器周边土壤，将取样器完整取出，用剖面刀沿着取样器底部将土样削平后垫上带小孔铝制底片，再用保鲜膜密封，尽力避免土样流失。另外，在搬运取样器过程中，将带有铝制底片的一端朝下，保持取样器内土样完整（图2-21）。

步骤4：将带回的取样器连同铝制底片置于水盘中，水面高度为5 cm，水是从铝制底片小孔自下而上浸润土壤12 h直至达到饱和。然后，将饱和的原状土轻轻置于铁架台上8 h，

图 2-21 取样过程

以便去除土壤重力水后进行抗冲试验(图 2-22)。

图 2-22 浅水盘浸润土壤

步骤 5：试验冲刷槽尺寸为 2 m × 0.1 m(长×宽)，坡度为 15°，用当地标准径流小区 (20 m × 5 m)产生的最大径流量来计算单位流量为冲刷流量，即 4.0 L/min，经校正后冲刷流量为 4.03 L/min，校正流速为 0.97 m/s(图 2-23)。

图 2-23　模拟冲刷过程

步骤6：冲刷时间为15 min，自产流后的前3 min用取样桶每1 min收集一次水流泥沙样，随后每2 min收集一次径流，共取9次样。冲刷结束后称量各个桶内的径流泥沙量，然后将塑料桶静置澄清，泥沙沉淀完全后倒掉上层清液，剩余泥水样转移至铁盒内，置于烘箱中105°C烘干称重，测定冲刷泥沙量(图2-24)。

图 2-24　冲刷径流采样瓶

步骤7：计算安塞摞荒地土壤抗冲系数(表2-4)。其中，土壤抗冲系数为每冲刷掉1 g的烘干土所需水量，用As表示。As越大，土壤的抗冲性越强。

$$As = \frac{f \times t}{W} \tag{2-4}$$

式中　As——土壤抗冲系数(L/g)；

f——为冲刷流量(L/min);
t——为冲刷时间(min);
W——烘干泥沙质量(g)。

表 2-4 安塞撂荒地土壤抗冲性变化   L/g

土 层 (cm)	撂荒阶段				
	Ⅰ(0 年)	Ⅱ(10 年)	Ⅲ(22 年)	Ⅳ(34 年)	Ⅴ(43 年)
0~15	0.08	0.30	0.72	0.70	0.69
15~30	0.18	0.27	0.24	0.27	0.49
30~50	0.2	0.25	0.27	0.25	0.28

【考核内容】

如何获取某一农地土壤抗冲特征数据?

第三篇

野外模拟侵蚀试验情景分析

实验一　野外模拟降雨

【能力目标】

1. 通用技能

(1) 水土保持学模块

了解降雨强度、降雨历时及不同试验处理小区土壤流失特征。

(2) 地貌学模块

熟悉下垫面特征，如地形坡度、地面粗糙度、土壤容重等与土壤侵蚀特征之间的关系。

2. 专业技能

(1) 熟悉野外人工模拟降雨的全过程，学会处理试验径流样品和泥沙样品，并计算径流率、径流含沙量、次降雨侵蚀量等水沙参数。

(2) 观察野外模拟降雨过程中土壤的溅蚀阶段、面蚀阶段和沟蚀阶段的过渡与转化，更深入地认识和理解坡面侵蚀过程。

【能力要素】

(1) 野外模拟降雨标准设计与应用。

(2) 降雨强度的人工调节和率定。

(3) 径流样品和泥沙样品的采集与处理。

【知识要点】

1. 基本概念

(1) 降雨强度

单位时段内的降雨量，以 mm/min 或 mm/h 计算。

(2) 径流率

地表径流的总水量占降水量的百分率(%)。

(3) 径流含沙量

单位体积浑水中所含泥沙的质量，计量单位为 kg/m^3。

2. 基本理论

人工模拟降雨试验的优点在于试验条件较稳定、易控制。

坡面侵蚀过程分为溅蚀—层状侵蚀—细沟状面蚀 3 个过程。

(1) 溅蚀阶段

降雨雨滴动能作用于地表土壤而做功，导致土粒分散，溅起和增强地表薄层径流紊动等现象。经历干土溅散—湿土溅散—泥浆溅散—地表板结 4 个阶段后，坡面水流逐渐形成。

(2)层状侵蚀

坡面水流形成初期，水层很薄，速度较慢，能量不大，冲刷力微弱，只能较均匀地带走土壤表层中细小的呈悬浮状态的物质和一些松散物质，即形成层状侵蚀。

(3)细沟状面蚀

径流汇集的面积不断增大，同时又继续接纳沿途降雨，因而流量和流速不断增加。产生强烈的坡面冲刷，引起地面凹陷，随之径流相对集中，侵蚀力变强，在地表上形成细小而密集的沟，称细沟侵蚀。

3. 知识点与课程的关系(图 3-1)

图 3-1　野外模拟降雨指标—知识点—课程关系结构

【实操训练】

1. 材料准备

(1) 仪器设备

人工模拟降雨器，雨量计，雨量杯，烘箱，天平。

(2) 应用软件

Excel 2007 软件。

2. 应用案例

(1) 案例名称

模拟降雨对典型灌木群落侵蚀泥沙流失特征的影响。

(2) 案例来源

张冠华,刘国彬,王国梁,等. 黄土丘陵区两种典型灌木群落坡面侵蚀泥沙颗粒组成及养分流失的比较[J]. 水土保持通报,2009(1)：1-6。

(3) 实操过程

步骤1：根据试验目的，野外选择典型样地，使之形成独立小区，准备模拟降雨试验设备(图 3-2)。

图 3-2　野外模拟降雨样地选择

图 3-3　野外模拟降雨率定雨强

步骤 2：用塑料遮雨布将径流槽遮盖后，开启人工降雨设备，率定降雨强度（图 3-3）。

步骤 3：揭开遮雨布，开始人工模拟降雨，直至坡面径流流出小区集流槽断面时记录产流时间（图 3-4）。

步骤 4：记录产流产沙过程，用径流桶每 3 min 接取一次径流泥沙样，量测体积并记录为 L，将量测后的径流泥沙样转移至铝盒静置吸去上清液，试验后将泥沙样在 110℃ 下烘至恒重后称重，计算铝盒中的干泥沙重 Ms（图 3-5）。

图 3-4　野外模拟降雨收集径流

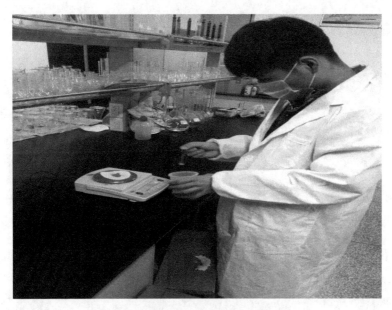

图 3-5　野外模拟降雨径流泥沙质量称重

步骤5：计算接取泥沙样品的含沙量 ρ_s，假设在采集样品的3min内坡面的径流率和径流含沙量恒定，则次降雨产生的侵蚀量为 A。其计算公式见式(2-3)。

步骤6：黄土丘陵区侵蚀强度对不同土壤质量水平下土壤颗粒组成的影响结果见表3-1。

表 3-1　次降雨条件下侵蚀强度对不同土壤质量水平的土壤颗粒组成的影响

土壤质量水平	侵蚀强度	土壤颗粒组成（%）		
		黏粒	粉粒	砂粒
低（SOM<0.5）	对照	2.98±0.03a	56.18±0.89a	40.84±0.67a
	轻度	3.51±0.23b	57.69±1.32a	38.80±1.02a
	重度	3.26±0.36b	57.17±1.61a	39.57±0.96a
高（SOM>0.5）	对照	3.04±0.26a	53.12±1.76a	43.85±0.32a
	轻度	2.91±0.12a	51.92±1.03b	45.16±1.25a
	重度	2.10±0.02b	47.87±0.21c	50.03±1.26b

注：不同小写字母之间代表差异显著（$p<0.05$）。

【考核内容】

（1）人工模拟降雨径流泥沙量随降雨历时的变化曲线绘制与描述。

（2）次降雨土壤侵蚀量的计算。

实验二　野外模拟冲刷试验

【能力目标】

1. 通用技能

（1）土壤学模块

掌握不同土壤的可蚀性异同及其影响因素。

（2）水文学模块

掌握影响土壤冲刷量的主要因素，如：降雨强度、下垫面状况等。

2. 专业技能

（1）学会在野外进行放水冲刷模拟试验。

（2）通过不同坡度、不同流量探讨产流产沙的大小，进而通过分析数据得到以上因素与土壤侵蚀量的相关关系。

【能力要素】

（1）学会野外放水冲刷模拟试验。

（2）学会 Excel 2007 和 SPSS17.0 软件分析数据。

【知识要点】

1. 基本概念

土壤抗冲性是指土壤抵抗径流对其机械破坏和推动下移的性能，其值大小受到土壤质地与结构的影响。

2. 基本理论

野外径流小区是研究土壤侵蚀过程的基本手段，但一般须经历较长时间的野外观测，才能取得必需的分析数据。应用野外人工模拟冲刷装置，则能加快研究进程，缩短研究周期，在较短时间内获得需要的资料。

3. 知识点与课程的关系（图3-6）

图3-6　野外模拟降雨指标—知识点—课程关系结构

【实操训练】

1. 材料准备

（1）试验设备

供水系统主要设备包括水泵、溢流箱、水管若干米、量筒、塑料桶、铝盒、烘箱、天平（感量0.1 g）、高锰酸钾、记录及计算用品适量。

（2）应用软件

SPSS17.0数据分析软件。

2. 应用案例

（1）案例名称

工程区弃土弃渣产流产沙试验研究。

（2）案例来源

马春艳、王占礼，寇晓梅，等．工程建设弃土弃渣水土流失过程试验研究[J]．水土保持通报，2009，29(3)：78-82。

（3）实操过程

步骤1：野外模拟冲刷试验小区由1 mm厚的钢板插入地面以下0.15 m围成，钢板高出地面0.10 m，试验小区投影面积4 m×1 m（图3-7）。

图3-7　野外模拟冲刷试验小区修建

步骤 2：供水流量的确定分别为 4 L/min、6 L/min、8 L/min、10 L/min、12 L/min 5 个等级，流量的大小通过安装在扬程水管出口的控制阀调节（图 3-8）。

步骤 3：试验小区坡度的选取依据野外实地的调查情况，选取试验小区坡度 5 个不同等级（图 3-9）。

步骤 4：开始冲刷试验，控制时间在 30~60 min，在供水过程时，记录产流时间；产流开始后，在小区出口处定时收集径流泥沙样进行观测，通常每隔 3 min 取一个样；在取样的同时，进行流速的测定（染色剂法）（图 3-10）。

步骤 5（附加）：为了将试验结果可视化，在试验过程或者试验结束后，用三维激光扫描仪对径流冲刷后的样地进行三维激光扫描，形成三维图片，后经过软件分析，计算土壤侵蚀量（图 3-11、图 3-12）。

步骤 6：在试验结束后，用量筒测定径流泥沙样体积，经沉淀后用烘干法测定取样泥沙重量（图 3-13），数据记录见表 3-2。

图 3-8　野外模拟冲刷供水流量

图 3-9　野外模拟冲刷过程

图 3-10　野外模拟冲刷率定流速

图 3-11　野外模拟冲刷侵蚀沟扫描

图 3-12　模拟冲刷侵蚀沟实体——扫描对比

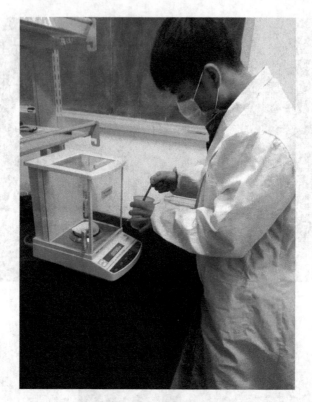

图 3-13 模拟冲刷侵蚀泥沙称重

表 3-2 野外人工模拟冲刷土壤侵蚀记录表

试验时间：　　年　月　日　　　　　　　　　　　　　　　　　记录人：

编号	坡度 (°)	供水流量 (L/min)	取样体积 (mL)	历时 (min)	烘干重 (g)	产沙量 [g/(m²·h)]
1						
2						
…						

【考核内容】

水蚀风蚀观测小区放水冲刷试验土壤侵蚀量的测定。

第四篇

野外侵蚀定位观测试验

实验一　径流小区观测试验

【能力目标】

1. 通用技能

（1）生态学模块

利用小区定位观测方法，了解地区性植物群落发育及其地上植被演替特征、地下根系发育规律。

（2）土壤学模块

深入了解土壤结构、土壤含水量与土壤抵抗径流冲刷能力的关系。

（3）水土保持学模块

深入了解植被、土壤结构及植被土壤互作的关系。

2. 专业技能

(1) 学会利用小区定位观测方法。

(2) 了解地上植被演替特征、地下根系发育以及土壤质量演变规律。

【能力要素】

（1）理解野外典型径流小区设计。

（2）掌握径流泥沙收集及数据获取手段方法。

（3）植被调查与根系分析。

【知识要点】

1. 基本概念

径流试验小区又称径流场，指有一定代表性，与周围没有水平水分交换的自然闭合流域或封闭的人工围成的坡地。自然闭合流域呈不规则形状，面积大小不一；封闭的人工围成的坡地多为矩形或梭形，面积由数十到数百平方米，是水文研究中的一种试验方法。

2. 基本理论

在小区内可做降水、截留、土壤下渗、土壤含水量和水势、植物蒸腾、蒸发和径流等试验。一般不涉及地下水。长期观测可作为了解试验小区水文过程的机制和作用，建立数学模型和编制小区水量平衡的基础数据来源。

3. 知识点与课程的关系(图 4-1)

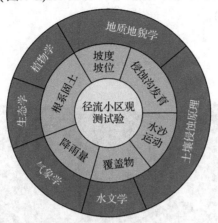

图 4-1　小区观测试验指标—知识点—课程关系结构

【实操训练】

1. 材料准备

仪器设备包括围埂、集流槽、导流管(槽)、集流桶(池)、分流箱(桶)等。

2. 应用案例

(1) 案例名称

水土保持径流小区设计。

(2) 案例来源

谢颂华，方少文，王农，等. 水土保持试验径流小区设计探讨[J]. 人民长江，2013，44(17)：83-86。

(3) 实操过程

步骤1：根据课题或试验目标，选择研究区典型样地作为小区修建点。然后，通过人工规划、矫正出小区坡度、利用石棉瓦、PVC管、水桶、砖等材料围挡，形成水土流失观测小区(图4-2)。

图 4-2　水土流失观测小区修建

步骤2：将进一步平整坡面，按试验要求，矫正坡度。将与试验无关的杂物收拾干净，周边用围网封闭围挡（图4-3）。

图4-3　水土流失观测小区全景

步骤3：根据试验目的，在小区内栽（种）植不同种类的植物，设置植物空间格局配置、物种间配置及其他处理（图4-4）。

图4-4　水土流失观测小区径流收集

步骤4：在降雨期间，动态收集降雨、径流产沙样品，观测降水量、径流量、泥沙含量、分析径流产沙特征及其规律（图4-5、图4-6）。

步骤5：将塑料桶静置澄清（图4-7），泥沙沉淀完全后倒掉上层清液，剩余泥水样转移至铁盒内，置于烘箱中105℃烘干称重（g），测定冲刷泥沙量（图4-8）。

图 4-5　水土流失观测小区不同处理

图 4-6　水土流失观测小区径流收集现场

图 4-7　水土流失观测小区径流瓶

图 4-8　水土流失观测小区径流泥沙称重

【考核内容】

如何获取某一农地径流量和土壤流失量?

实验二 小流域观测试验

【能力目标】

1. 通用技能

(1) 生态学模块

理解流域生态系统物质循环、能量流动和信息传递功能发挥的表象。

(2) 土壤学模块

深入了解土壤结构、含水量与土壤抵抗冲刷能力的关系。

(3) 水土保持学模块

深入了解流域水沙平衡原理、冲淤平衡原理以及水土保持三大措施(工程、生物与农业技术)与土壤侵蚀特征之间的关系。

2. 专业技能

学会识别小流域边界及流域内山、水田、林、路、池措施的综合配置。

【能力要素】

(1) 野外典型小流域的识别。

(2) 小流域水保观测主要内容。

(3) 小流域水保观测技术途径。

【知识要点】

1. 基本概念

(1) 小流域通常是指二、三级支流以下以分水岭和下游河道出口断面为界集水面积在 50 km² 以下的相对独立和封闭的自然汇水区域。

(2) 水利上的小流域通常指面积小于 50 km² 或河道基本上是在一个县属范围内的流域。

2. 基本理论

小流域的基本组成单位是微流域，是为精确划分自然流域边界并形成流域拓扑关系而划定的最小自然集水单元。为了便于管理，跨越县级行政区的小流域又会按照县级行政区界限分割成小流域亚单元。

(1) 治理重点

保持水土，开发利用水土资源，建立有机高效的农业生产体系。

(2) 治理措施

工程措施、生物措施、农业技术措施并用，有机结合，效益互补。

(3) 治理方针

保源、护坡、固沟。

3. 知识点与课程关系（图4-9）

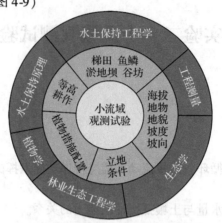

图4-9 小流域观测试验—知识点—课程关系结构

【实操训练】

1. 材料准备

软件设备包括遥感影像图，雨量计，流量计等。

2. 应用案例

(1) 案例名称

水文功能小流域观测试验研究。

(2) 案例来源

陈仁升，阳勇，韩春坛，等. 高寒区典型下垫面水文功能小流域观测试验研究[J]. 地球科学进展，2014，29(4)：507-514。

(3) 实操过程

步骤1：选择大区域的遥感影像图或谷歌影像图，明确研究小流域所在的地理位置（图4-10）。

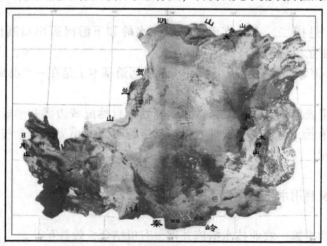

图4-10 小流域观测试验大区域遥感影像

步骤2：对所在小流域气候、土壤、地形地貌、植被、水文以及水土保持措施等信息进行收集和调查，综合评价所选取的小流域水土流失历史、现状及潜在威胁（如植被结构稳定性、潜在的水土流失等）。调查小流域尺度上流域的上下游、左右岸、不同地貌部位的土壤侵蚀类型、形式、形态及土壤侵蚀强度（图4-11）。

图4-11 小流域观测试验全景示意

步骤3：对选定的小流域关键水土保持措施（工程、生物及农业技术）所在位置及其功能的发挥进行客观总结（图4-12）。

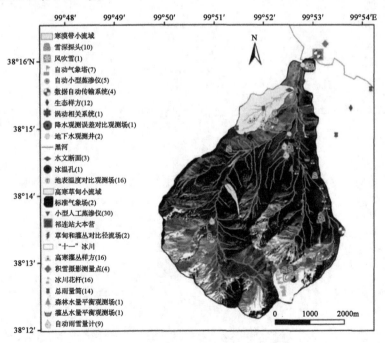

图4-12 小流域观测试验功能区划分示意

步骤4：对该小流域进行水土保持措施优化配置，力争实现山、水、田、林、路、池等的综合治理，实现水土保持生态、经济和社会效益的最大化（图4-13）。

图4-13　小流域观测试验流域计算机模型构建示意

【考核内容】

（1）如何理解小流域的概念？
（2）如何理解小流域在区域水土保持防治和建设过程中的重要作用？

实验三 水文站观测试验

【能力目标】

1. 通用技能

（1）气象学模块

利用水文站平台，掌握如何获取气温、降水量、蒸发量、气压等数据；

（2）水文学模块

学会观测水位、流速等参数，深入了解河流水质防汛检测、水沙运移规律。

2. 专业技能

掌握和学会利用水文站获取气象、水温、河流方面信息。

【能力要素】

（1）观测水位、流量、流速、含沙量。

（2）获取气温、降水、蒸发量、气压等数据。

（3）识别雨量计、雨量筒、吊箱等测量设备。

【知识要点】

1. 基本概念

水文站是指观测及搜集河流、湖泊、水库等水体水文、气象等要素资料的指定地点。观测的内容有水位、流量、流速、含沙量，以及气温、降水量、蒸发量、气压等。

2. 基本理论

（1）水文站的观测项目

可分为水位、流量、泥沙、降水、蒸发5大类。

（2）流量观测内容

内容包括流速、水深、风向风力，其中流速测量方法有浮标法、流速仪法及超声波法。

（3）含沙量观测内容

主要观测分析河流水中泥沙含量和泥沙粗细颗粒分级，取样分为悬移质、推移质、河床质，目前主要取样有悬移质和河床质。

（4）降水观测内容

降雪和降雨，主要观测仪器为雨量计和雨量筒，雨量计主要观测降水；仪器型式有远传和非远传。

（5）蒸发

降水观测是观测降到地面的水量，而蒸发则是观测从地面到空中的水量。主要观测仪器为蒸发器和蒸发皿大小的衡量指标。

3. 知识点与课程的关系(图 4-14)

图 4-14　水文站观测方法指标—知识点—课程关系结构

【实操训练】

1. 材料准备

试验平台是水文站(包括雨量计、雨量筒、吊箱等测量设备)。

2. 应用案例

(1) 案例名称

水文站功能概述。

(2) 案例来源

张家军, 刘彦娥, 王德芳. 黄河流域水文站网功能评价综述[J]. 人民黄河, 2013, 35(12): 21-23。

(3) 实操过程

步骤1: 水文站气象指标(降雨蒸发、温湿度、积温气压、风速风向等)观测功能(图 4-15)。

图 4-15　水文站气象观测(一)

步骤2：水文站水文指标（水位、流量、水深、泥沙含量等）观测功能（图4-16）。

图4-16　水文站水文观测（二）

步骤3：在区域范围内，如黄土高原地区，涉及的主要河流有黄河、无定河、延河、渭河、泾河等大的河流。在河流上布设水文站，监测河流流域不同断面上的水沙参数，对区域治沙治水具有重要意义（图4-17）。

图4-17　黄土高原水文重点观测站分布示意

【考核内容】

如何通过水文站获取某一河段水文气象数据？

实验四 无人机遥感与水土保持

【能力目标】

1. 通用技能

(1)利用无人机航空摄影技术,可快捷地掌握项目建设区水土流失、地形、地貌和水系变化情况,通过 pix4D 软件对航片进行后处理,及时查清建设项目占用土地面积、扰动地表面积、项目挖方、填方数量及面积,弃土、弃石、弃渣量及堆放面积等。

(2)利用无人机遥感监测系统对水土保持措施前后的地形、地貌、地物及植物情况图像进行对比,从而分析小流域土壤侵蚀、经济效益的变化,检验水土保持措施的实施效果,输出监测成果,为水土保持项目验收评估提供有效的决策支持依据。

(3)无人机航测技术与相关地质灾害系统及 GIS 平台结合可快速而准确地预警、预报致灾事件。

2. 专业技能

学会无人机的操作以及 Pix4D 软件应用。

【能力要素】

(1)无人机的简单操作;
(2)Pix4D 软件处理能力。

【知识要点】

1. 基本概念

无人机遥感是集成了高空拍摄、遥控、遥测技术、视频影像、微波传输和计算机影像信息处理的新型应用技术,以无人驾驶飞机作为空中平台,以机载遥感设备,如高分辨率数码相机、轻型光学相机、红外扫描仪、激光扫描仪、磁测仪等获取信息,用计算机对图像信息进行处理,并按照一定精度要求制作成图像。

2. 基本理论

利用无人机航空摄影技术,可快捷地掌握水资源的分布、地表河流的分布、地貌形态、水土流失现状等。

无人机航摄系统是传统航空摄影测量手段的有力补充,具有机动灵活、快速高效、精细准确、安全、作业成本低等特点,在小区域和飞行困难地区高分辨率影像快速获取方面具有明显优势。

3. 知识点与课程的关系（图4-18）

图4-18 黄土高原水文重点观测站分布

【实操训练】

1. 材料准备

（1）仪器设备

大疆精灵4 PRO。

（2）应用软件

Pix4D，ArcGIS10.2，Global Mapper。

2. 应用案例

（1）实操过程

步骤1：无人机飞行前检查。确保遥控器、智能飞行电池以及移动设备电量充足。确保螺旋桨无破损并且安装牢固。确保相机镜头清洁完好（图4-19）。

图4-19 无人机飞行前检查的遥控器、电池及螺旋桨

步骤2：将飞行器放置在平整开阔的地面上，用户面朝机尾。开启遥控器和智能飞行电池。运行 DJI GO 4 App。连接移动设备与 Phantom 4 PRO，进入相机界面。校准指南针，确认飞行器正常接收 GPS 信号。等待飞行器状态指示灯绿灯闪烁，进入可安全飞行状态（图4-20）。

　　：显示当前飞行模式。P 模式在以下三种状态中动态切换：①P-GPS：GPS 卫星信号良好，使用 GPS 模块实现精确悬停。②P-OPTI：GPS 卫星信号欠佳或在室内无 GPS，使用视觉定位系统实现精确悬停。③P-ATTI：GPS 卫星信号欠佳，且不满足视觉定位条件，仅提供姿态稳增。

　　：显示 GPS 信号强弱。图示为 12 颗卫星，飞行器可安全飞行。

　　：显示遥控器与飞行器之间信号的强弱程度。

　　：显示飞行器与遥控器之间高清图传链路信号的良好程度。

　　：显示当前智能飞行电池剩余电量。

　　：轻触此按键，飞行器将自动起飞或降落。

　　：轻触此按键，飞行器将终止航线任务，即刻自动返航，降至地面后关闭电机。

　　：

①D（距离）：飞行器与返航点水平方向的距离。
②H（高度）：飞行器与返航点垂直方向的距离。
③H.S（水平速度）：飞行器在水平方向的飞行速度。
④V.S（垂直速度）：飞行器在垂直方向的飞行速度。

图4-20　无人机起飞前调试

步骤3：退出 DJI GO 4 App，进入 DJI GS Pro App，新建飞行任务，选择测绘航拍区域模式中的地图选点，定位到当前位置，划定飞行区域。设置飞行参数，在基础设置中设定相机朝向为平行于主航线，拍照模式为等距间隔拍摄，在高级设置中设定航向重叠度80%，旁向重叠度70%，任务完成后自动返航（图4-21）。

图 4-21　无人机飞行航迹参数的设置

步骤4：准备起飞，同时向内拨动左右摇杆，电机启动后松开摇杆。缓慢向上推动油门杆（美国手操为左摇杆），让飞行器平稳起飞。左摇杆控制飞行器的上升、下降及顺时针和逆时针的旋转，右摇杆控制飞行器的前后左右飞行（图4-22）。

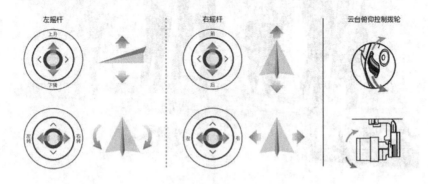

图 4-22　无人机起飞流程

步骤5：飞行器缓慢上升并飞至任务起点后，按照既定航线开始飞行，在每条航带上按照设定好的地面采样间隔率和重叠度进行自动拍摄，飞行界面的右下角可实时接收图传照片，飞行完毕的航带会由绿色变成灰色（图4-23）。

图 4-23 无人机飞行过程界面

步骤 6：拍摄结束后，飞行器自动返航，待返航至视野范围内，取消返航操作，缓慢下拉油门杆，通过相机镜头水平观察周围环境，使飞行器与周边障碍物有相对安全的距离，确保安全降落。落地后，将油门杆拉到最低位置并保持 3 秒以上直至电机停转。依次关闭飞行器和遥控器电源（图 4-24）。

图 4-24 无人机停飞操作

步骤 7：在飞行器断电的状态下取出 SD 卡，将 SD 卡内的影像数据文件传输到计算机上。打开 Pix4D 软件。新建项目，添加航拍图像，勾选本地处理中的初始化处理、点云及纹理、DSM 正射影像图及指数，点击开始，状态进度条开始跑动，等待这三步处理完成（图 4-25）。

图 4-25　无人机飞行数据导出

步骤 8：软件处理完成后，勾选点云，点击图像下第一个按钮，添加三维像控点，输入 XYZ 坐标值，在每张图片上对像控点进行纠正，点击自动标记和使用后，点云图上的一个像控点就已经添加完成（每个工程至少添加 3 个像控点）（图 4-26）。

图 4-26　Pix4D 软件图片后续处理

步骤 9：重新优化后，可在点云模式下创建折线、平面以及堆体，进行长度、面积以及体积的量测，可以生成等高线（图 4-27）。

图 4-27　无人机飞行数据分析

步骤 10：保存并导出 TIF 格式的数字表面模型和 TIF 格式的正射影像（图 4-28）。

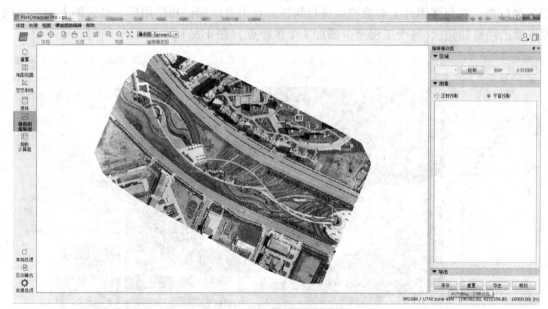

图 4-28　影像图片集成

步骤 11：在 Global Mapper 软件中可查看所飞区域的正射影像图和数字表面模型（DSM），以及任意一点的平面坐标和高程信息（图 4-29）。

图 4-29 飞行数据的再提取

步骤 12：在 ArcGIS10.2 中解译图斑，勾绘出明显地物（图 4-30）。

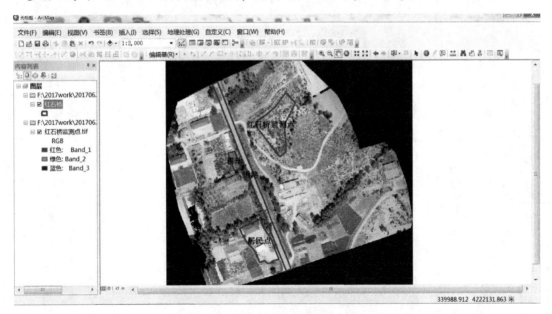

图 4-30 飞行影像图版信息的再提取

参考文献

刘增文，吴发启.2011.水土保持实验研究方法[M].北京：科学出版社.

齐实.2017.水土保持规划与设计[M].北京：中国林业出版社.

魏永霞，张忠学，赵雨林.2010.坡耕地水土保持理论与技术研究[M].北京：中国农业出版社.

吴发启，史东梅，王丽，等.2012.水土保持农业技术[M].北京：科学出版社.

张永涛，董智.2016.水土保持与荒漠化防治专业实验指导[M].北京：科学出版社.

赵雨森，王克勤，辛颖.2013.水土保持与荒漠化防治实验教程[M].北京：中国林业出版社.